泡茶的养心与怡情

主编 黄昀

农村读物出版社

图书在版编目（CIP）数据

泡茶的养心与怡情 / 黄昀主编． —北京：农村读
物出版社，2011.5
（怡情茶生活）
ISBN 978-7-5048-5459-9

Ⅰ．①泡… Ⅱ．①黄… Ⅲ.①茶－文化－中国 Ⅳ.
①TS971

中国版本图书馆CIP数据核字(2011)第050212号

策划编辑	黄　曦
责任编辑	黄　曦
设计制作	北京水长流文化发展有限公司
出　　版	农村读物出版社 （北京市朝阳区麦子店街18号　100125）
发　　行	新华书店北京发行所
印　　刷	北京三益印刷有限公司
开　　本	880mm×1230mm　1/24
印　　张	6
字　　数	150千
版　　次	2011年6月第1版　2011年6月北京第1次印刷
定　　价	36.00元

前言

PREFACE

都说"醉翁之意不在酒"，品酒，很多享受，其实在酒外。品茶，也是如此。品茶，并非只有喝这个动作是享受。在和茶逐渐亲近的过程中，其实就已经开始了一种精神上的放松之旅。都说好茶养心，了解茶体内有哪些成分，怎么样发挥不同作用，才能喝出茶中明明白白的真味道。

茶内所含的有益于人体的成分很多，其中包括矿物质元素、糖类、蛋白质、维生素、氨基酸、类脂类、茶多酚、生物碱等，这些都是人休必需的。其中最值一提的是茶多酚。茶多酚可降血糖、降血脂、防衰老、抗氧化，还可抗辐射、抗癌和杀灭细菌。茶叶中绿茶类所含的茶多酚较高。另外，茶叶中含有的生物碱可刺激大脑皮层，使人兴奋、消除睡意，同时还有强心和利尿的作用，对消化功能也有促进作用。茶，真是上天赐给人类的礼物。会喝茶，喝上一杯养心怡情的好茶，会让我们的生活变得更加悠然快乐，从容自得。

目录

CONTENTS

前言

好茶良饮最宜人

一

好茶良饮最宜人

一

因人而异——喝对你那杯养心茶

你是哪类人？你该喝什么养心茶

Q1　为何我能喝的茶，有些人不能喝？

A　　茶不能乱喝，要看体质。体质是指个体生命过程中，在先天遗传和后天获得的基础上表现的形态结构、生理机能和心理状态方面综合的、相对稳定的特质。简单地说，我们每个人健康的基础，首先得自于先天，得到父母的禀赋遗传，并受后天各种因素的影响，在我们生长、发育和衰老过程中所形成的各自身体质量的特征，这种特征是与自然环境和社会环境相适应并相对稳定的。因为不同的茶有不同的特性，喝茶的时候要根据自己的体质特点，选择适合自己的那杯健康茶。

Q2　体质的形成和哪些因素有关？

A　　影响体质形成的因素有很多，主要分为先天因素和后天因素。体质的形成是先、后天因素共同作用的结果。体质秉承于先天，得养于后天。后天各种因素，如饮食营养、生活起居、精神情志以及自然社会环境因素、疾病损害、药物治疗等，对体质的形成、发展和变化具有重要影响。在个体体质的发展过程中，生活条件、生活习惯、饮食构成、地理环境、季节变化等都对体质产生一定的制约影响。这些因素中，较受关注的有：

(1) 遗传因素

　　即我们常提到的"先天禀赋"，先天禀赋就是父母先天的遗传及婴儿在母体里的发育营养状况。包括种族、家族遗传，婚育以及养胎、护胎、胎教等。先天禀赋是建造人体体质的第一块基石，人体体质的强弱在很大程度上取决于先天因素。

(2) 饮食因素

　　合理的饮食，充足而全面的营养，可增强人的体质，甚至可使某些病理性体质转变为生理性体质。每种饮食都有自身的寒热及五味属性，食物多样化，可使饮食的综合寒热及五味属性趋于平衡，因为人的先天体质有所偏颇，所以也造成了脏腑的强弱不同，故其外在的饮食偏嗜亦不相同，饮食偏嗜在最初是五脏所需，然而，日久天长，就形成了人的饮食偏嗜。某一类食物长期大量被人体摄入，寒热及五味的作用达到一定程度时，就会影响进而改变脏腑气血津液的平衡状态，而形成新的体质表现，即改变了原有的体质。

饮食中，茶饮也是一个重要的方面，根据调养、健康的原则，运用中国的茶饮调上花草、药草，以茶养心、以茶饮调养也能达到很好的促进健康的目的。

(3) 精神状态

人的精神情志，贵在和调。精神舒畅，则人体气血调畅，脏腑功能协调，体质就会强健。如果长期处在不良的精神状态下，超过人体的生理调节能力，就会影响脏腑、经络功能和气血运行。原有的体质就会发生改变，形成不良的体质类型。

不良体质可以调节吗？

体质既具有稳定性又具有可变性，通过干预调整其偏颇，使调整体质成为可能。饮食疗养是调节不良体质的重要手段，是利用不同的食物来影响整个机体的功能，使其获得健康或治愈疾病的一种手段或措施。早在2500年前，《黄帝内经》就提出了"毒药攻邪，五谷为养，五果为助，五畜为益，五菜为充，气味合而服之，以补精益气"的药食保健的基本原则。茶文化在我国历史悠远，研究已经证实，茶叶对人体具有很好的保健功效，喝茶在一定程度上是可以调节不良体质的。

体质是如何分类的？

一般来说，体质可分为平和质、气虚质、阳虚质、阴虚质、痰湿质、湿热质、淤血质、气郁质、特禀质等 9种基本类型。除平和体质外，其他8种称为不良体质。这种体质分类法是目前最被认可的。

内热烘烤
——甘露降火——

　　这种类型的人，体形偏瘦。常见表现主要是人的体内水分不够，身体缺水、手足心热、皮肤偏干，易生皱纹、易口干舌燥，鼻微干、喉咙干、眩晕耳鸣、两目干涩、视物模糊、容易失眠。心理特征主要表现在性子比较急，容易心烦气躁、说话急、节奏快，不顺心就容易发火。

玉竹银耳茶

材料：玉竹2克，银耳5克，冰糖适量。

冲泡：1.将玉竹、银耳文火煮开，过滤茶汤。

2.加入适量冰糖即可饮用。

茶饮健康档案

玉竹性味甘、平，具有养阴、润燥、除烦、止渴等功效。银耳能养阴清热、清心安神。常饮能滋阴益气。

生地菊花茶

材料：生地5克，杭菊10克，冰糖适量。

冲泡：1. 将生地加水文火煮开，加入杭菊，泡出味即可。

2. 宜加入适量冰糖饮用。

生地性寒，凉血清热、滋阴补肾、生津止渴功效显著，若常感午后潮热，心烦口感，饮用此茶尤为适宜。

麦冬乌梅茶

材料：麦冬10克，乌梅5克，冰糖适量。

冲泡：1. 将麦冬、乌梅文火煮开，过滤茶汤。

2. 加入适量冰糖即可饮用。

养心阴，清心热，有除烦安神的作用。

枸杞百合茶

材料：枸杞5克，鲜百合5克，冰糖适量。

冲泡：1. 将枸杞、百合用沸水泡开。

2. 加入适量冰糖即可饮用。

肝肾阴虚，出现腰膝酸软、阳痿遗精、头晕眼黑、视物模糊等不适症状的人群适宜饮用。

冰冷人儿
——暖心暖身——

　　这种类型的人由于阳气不足，以虚寒现象为主要特征。形体白胖、肌肉松弛、肌肉不健壮。平素畏冷，手脚冰冷，喜热饮食，口唇色淡，毛发易落，易多汗。心理特征主要表现为性格内向，多沉静。

红参茶

材料：红参2个，枸杞5克。

制法：1. 用沸水将红参泡开。

2. 倒入枸杞数分钟即可饮用。

红参能大补元气，益气摄血，对病后体虚，肢体寒凉，供血不足的人群适合饮用。

艾叶茶

材料：艾叶5克，冰糖适量。

制法：1. 将艾叶文火煮开，过滤茶汤。

2. 加入适量冰糖即可饮用。

茶饮
健康
档案

脾胃虚寒引起疼痛者适合饮用。

甘草姜茶

材料：生姜汁15克，甘草2克。

制法：1. 甘草加水煮沸。

2. 倒入生姜汁即可饮用。

脾胃虚寒所致的脘腹胀满，呕吐反胃等不适者可饮用。

萎靡不振
——提提精神——

　　这种类型的人主要表现为体倦乏力、元气不足，以气息低弱、机休、脏腑功能低下、体力和精力都感到缺乏，稍微劳作便具有疲劳的感觉为主要特征。外形上，表现为肌肉松软。平时气短懒言、语气低沉、精神不振、肢体容易疲乏、易出汗、头晕、健忘等。心理特征主要表现为性格内向、情绪不稳定、胆小不敢冒险。

黄芪红枣茶

材料：黄芪5克，红枣10克。

制法：1. 将黄芪、红枣加水煮沸。

2. 泡5分钟出味即可饮用。

黄芪味甘，气微温，乃补气之圣药。气虚乏力，食少便溏，中气下陷，久泻脱肛人群可经常饮用。

红糖莲子茶

材料：新鲜莲子15克，红糖适量。

制法：1. 将新鲜莲子去心，用清水泡10分钟。

2. 加水煮沸，调入红糖即可饮用。

本茶饮最适合脾虚久泻，遗精带下，心悸失眠，夜寐多梦，失眠，健忘的人群。孕妇气虚也适合饮用。

纸样苍白
—— 给点颜色 ——

　　这种类型的人，因为血液不足或血的濡养功能减退，以致脏腑的生理功能失调而出现身体变化。主要特征为面色苍白、口唇淡白、舌质淡白。常眩晕、心悸，失眠多梦、健忘。多见于女性。

桂圆红枣茶

材料：桂圆10克、红枣5克、枸杞5克，冰糖适量。

制法：1. 将桂圆、红枣、枸杞用文火煎煮过滤。

2. 加入冰糖搅拌均匀，即可饮用。

性温味甘，益心脾，补气血，具有良好的滋养补益作用。气血不足所致的失眠、健忘、惊悸、眩晕等不适，常饮能改善。

阿胶红茶

材料：阿胶6克，红茶3克。

制法：1. 将阿胶加入沸水冲泡。

2. 待阿胶溶化后加入红茶泡出味，即可饮用。

阿胶为补血之佳品。对血虚头晕、面色姜黄的人群有明显功效。

黑芝麻茶

材料：黑芝麻5克，茶叶3克，冰糖适量。

制法：1. 将黑芝麻、茶叶用文火煎煮过滤。

2. 加入冰糖搅拌均匀，即可饮用。

茶饮
健康
档案

　　黑芝麻补肝肾，益精血，常饮能改善头晕眼花、耳鸣耳聋、须发早白等症。

心烦意乱
——安神静心——

　　这种类型的人是指体内有血液运行不畅的潜在倾向或血淤内阻的病理基础，并表现出一系列的外在征象的体质状态。形体特征表现为清瘦。常见表现为皮肤暗淡、色素沉着，容易出现淤斑，易患疼痛，唇舌爪甲紫暗。心理特征主要表现为性格内郁、心情不快、易烦、急躁健忘。

山楂菊花茶

材料：山楂干20克，菊花10克，红糖适量。

制法：1. 将山楂干用文火煎煮过滤，茶汤备用。

2. 茶汤内加入菊花泡出味，放适量红糖搅拌均匀即可饮用。

山楂具有消积化滞、收敛止痢、活血化淤等功效，还有很好的扩张血管和降压作用。

红花莲藕茶

材料：红花10克，莲藕50克，冰糖适量。

制法：1. 将红花、莲藕用文火煎煮过滤，茶汤备用。

2. 茶汤内加入冰糖搅拌均匀即可饮用。

茶饮
健康
档案

红花活血通经、散淤止痛，藕汁能凉血止血。

陈皮甘草茶

材料：陈皮10克，甘草2克，红糖适量。

制法：1. 将陈皮和甘草加入沸水冲泡。

2. 加入红糖搅拌均匀即可饮用。

茶饮健康档案

陈皮辛散通温，气味芳香，长于理气，能入脾肺。但口干、便秘、尿黄等症状人群少用。

黏黏糊糊
——消解淤积——

　　此类型人由于水液内停而痰湿凝聚，以黏滞重浊为主要特征。形体特征多见体形肥胖、腹部肥满松软。此外，皮肤油脂较多，多汗而黏、胸闷、痰多、眼泡微浮、面色淡黄而暗、容易疲倦、舌苔白腻。心理特征主要表现在性格偏温和、和达，多善于忍耐。

荷叶茶

材料：干荷叶15克，甘草2克。

制法：1. 将干荷叶用文火煎煮。

2. 加入甘草泡数分钟即可饮用。

荷叶中含有荷叶碱、连碱、荷叶甙等，能降血压，降脂，减肥。入茶，味清香，可口宜人。

茯苓美颜茶

材料：茯苓10克，玫瑰花茶少许，冰糖适量。

制法：1. 将茯苓用文火煎煮过滤，茶汤备用。

2. 茶汤内加入玫瑰花茶泡出味，放入冰糖搅拌均匀即可饮用。

茶饮健康档案 茯苓味甘、淡，性平，能祛斑增白、润泽皮肤，还可以增强免疫功能。

玉米红糖茶

材料：玉米须100克，生姜10克，红糖适量。

制法：1. 将玉米须、生姜用文火煎煮过滤，茶汤备用。

2. 茶汤内加入红糖搅拌均匀即可饮用。

温化痰湿。但血压过低者不适合饮用。

不思茶饭
——舒心理气——

　　此类型的人长期情志不畅、气机郁滞，性格内向不稳定、忧郁脆弱、敏感多疑。形体特征多为形体偏瘦。常见的主要表现特征是忧郁的面貌，神情多烦闷不乐，睡眠较差，食欲减退，健忘，多痰，舌淡红，苔薄白。心理特征表现为内向，不稳定，忧郁脆弱，敏感多疑。

菊明茶

材料：菊花5克，决明子3克，冰糖适量。

制法：1. 将菊花、决明子用沸水冲泡过滤，茶汤备用。

2. 茶汤内加入冰糖搅拌均匀即可饮用。

茶品有清热平肝、降脂降压、润肠通便、明目之功效。决明子性微寒，容易拉肚子、胃痛的人，不宜饮用此茶。

茉莉花茶

材料：茉莉花5克、冰糖适量。

制法：1. 将茉莉花用沸水冲泡后过滤，茶汤备用。

2. 茶汤内加入冰糖搅拌均匀即可饮用。

茶饮健康档案

茉莉花味香淡、消胀气，味辛、甘，性温，有理气止痛、温中和胃、消肿解毒、强化免疫系统的功效，最适合理气、舒肝、解郁之用。

玫瑰绿茶

材料：玫瑰花4朵，绿茶5克，蜂蜜少许。

冲泡：1. 将玫瑰花、绿茶分别投入玻璃壶中。

2. 冲水：冲入开水，泡至3~5分钟。

3. 品饮：将茶汤过滤，加入适量的蜂蜜搅拌均匀即可饮用。

茶饮健康档案

　　玫瑰花茶香气浓郁清幽，味醇而甘，具有美容、润泽肌肤、理气解郁之功效。

(1) 神经衰弱者

　　神经衰弱者一般喝茶过后无法入睡，茶中的咖啡因会刺激中枢神经，使人体达到一种精神振奋状态。所以这一类人群不适合选择茶饮品。神经衰弱者如果要饮茶，时间最好选择在上午。尽量选择比较温和的茶，比如：红茶、普洱熟茶。

(2) 心脏病患者

　　对于心脏病患者来说，心脏功能比正常人要弱，饮用过量或是过浓的茶水，会加重心脏的负担，造成伤害。心脏病患者最好选择饮用淡茶，不宜饮用过浓的茶饮。

(3) 高血压患者

　　高血压是常见的心血管疾病。高血压初期的患者尽量不要饮浓茶，但可以饮用少量清淡的绿茶，起到促进血液循环、增加毛细血管弹性的作用。

(4) 胃病患者

　　胃病患者种类很多，但共同的表现是胃黏膜受到破坏，有胃溃疡、胃出血等症状。所以患有胃病的患者不宜饮茶，茶的刺激性会加重胃的负担。

(5) 少儿

　　青少年可以适当选择少量淡茶，不宜饮浓茶，饮过量。原因是，处于发育期的青少年需要摄取大量的钙等物质帮助身体成长，过量的饮茶会起到相反的作用，导致钙的流失。如果青少年喜欢吃糖，可以适量饮茶，可起到预防龋齿的作用。

(6) 孕妇

　　孕妇在妊娠期间会通过肠道将摄取的食物营养成分传送给腹中胎儿，茶中含有一定量咖啡因，会对胎儿引起不良的刺激，影响胎儿的成长发育。所以孕妇尽量少饮茶或不饮茶。哺乳期的妇女也不宜饮茶。

(7) 老年人

　　老年人由于身体各个脏器器官都开始衰老，过量饮茶会出现不良的反应，如：头晕、眼花、耳鸣、大量排尿等。茶虽是保健饮品，但根据加工工艺的不同，刺激性有强有弱。老人饮茶过量会刺激身体机能，而此时身体状况已经跟不上，便会产生副作用。如要饮用，可选比较温和的茶，比如：红茶、普洱熟

茶。另外，老年人晚上不宜饮茶，以免影响睡眠。早上也不宜空腹喝茶。

(8) 尿路结石

尿路结石多因草酸结晶引发。而茶叶中草酸的含量较大，饮茶会加重病情，因此尿路结石患不宜饮茶。除了茶以外，高草酸的食物也应当避免食用，如菠菜、芹菜等。

(9) 饮酒后

人们常说浓茶能解酒，其实这是错误的。醉酒后饮用浓茶不但不能解酒还会增加醉酒人的负担。茶中的咖啡碱等物质有兴奋的作用，酒精同样也是使人兴奋，这时大脑中枢神经呈现麻痹状态，导致头痛、头晕从而加重身体负担。

(10) 服药期间

身体不适，服药期间，药不宜与茶水混饮。药一般有镇静、催眠的作用。茶水服药会产生反作用，与药物冲突、降低药效。但维生素类例外，可以用茶水服用，茶叶中的儿茶素有助于维生素的吸收。其他的药物，服药24小时内一般不宜饮茶。

(11) 少女生理期不宜饮茶

浓茶容易引起少女缺铁性贫血。少女正处于青春期，生理期排血量多达100毫升以上。茶中的鞣酸和过浓的咖啡碱，对心血管系统和神经系统产生刺激。容易导致痛经、生理期延长或经血过多。

2 爽性而为——按性格喝茶

性格可决定很多事情。不同性格的人，穿衣风格、为人处世风格，甚至说话的语速都有区别。职业，也会因性格不同而有不同的匹配。养生，也可关照到性格的需要做到因人而异。不同性格的人，都有最合适自己的那杯茶。

茉莉花茶

材料：茉莉花4克，金银花3克。

冲泡：1. 将茉莉花、金银花分别投入杯中。

2. 冲入开水。

3. 3~5分钟后即可饮用。

急躁型：
静心舒缓养心茶

菊茉茶

材料： 菊花2朵，茉莉花5克，糖适量。

冲泡： 1. 将菊花、茉莉花分别投入玻璃杯中。

2. 冲入开水。

3. 3~5分钟后，加入自己适合的糖，搅拌均匀即可饮用。

菊花茶

材料：菊花5朵，金银花3克，冰糖适量。

冲泡：1. 将菊花，金银花投入杯中。

2. 冲入开水。

3. 将冰糖加入泡好的茶汤中，冰糖可随自己口味添加。

4. 待冰糖溶化即可饮用。

百合养心茶

材料：百合5克，生地3克，花茶1克。

冲泡：1. 先将百合、生地煎煮，取汤汁。

2. 用汤汁泡花茶，待花茶泡出味后即可饮用。

抑郁型：
舒心解郁养心茶

酸枣花茶

材料：酸枣仁5克，花茶1克。

冲泡：1. 将酸枣仁、花茶分别投入玻璃杯中。

2. 冲入开水，泡至3~5分钟。

3. 将泡好的茶汤过滤，倒入杯中，即可饮用。

龙眼百合舒心茶

材料：龙眼肉10克，百合5克，花茶3克。

冲泡：1. 先将龙眼肉、百合煎煮，取汤汁。

2. 用汤汁泡花茶，待花茶泡出味后即可饮用。

紫罗兰花茶

材料：紫罗兰 5 克，薄荷2~3克。

冲泡：1. 将紫罗兰和薄荷叶投入杯中。

2. 冲入开水。

3. 3~5分钟后饮用。

桂香杏仁茶

材料：桂花4克，杏仁粉7克。

冲泡：1. 将桂花用沸水冲泡3分钟，待用。

2. 用冲泡好的桂花茶汤和杏仁粉一起煮饮，水开后即可饮用。

温和型：
慢补平和养心茶

薄荷甘草茶

材料：薄荷9克，甘草3克，冰糖适量。

冲泡：1. 将干草煮制10分钟，取汤汁。

2. 再将汤汁冲泡薄荷，加入适量的冰糖，搅拌均匀即可饮用。

洛神玫瑰茶

材料：玫瑰花3朵，洛神花3朵，苹果片1片。

冲泡：1. 切下一片新鲜的苹果待用。

2. 将洛神花和玫瑰花用沸水一起冲泡3分钟左右。

3. 将茶汤过滤后，放入切好的苹果片即可饮用。

茉莉柠檬茶

材料：茉莉花3克，柠檬草3克。

冲泡：1. 将茉莉花、柠檬草分别投入玻璃杯中。

2. 冲入开水。

3. 3～5分钟后即可饮用。

桂花玫瑰蜜茶

材料：玫瑰花5朵，桂花5克，冰糖适量。

冲泡：1. 将桂花和玫瑰花一起用沸水冲泡3分钟左右。

2. 将泡好的茶汤过滤后随自己口味加入冰糖，搅拌均匀即可饮用。

冷静型：
清幽芳香养心茶

甜菊叶茶

材料：甜菊叶2片，金盏花2克，陈皮3克。

冲泡：1. 将甜菊叶、金盏花、陈皮用沸水一起冲泡3分钟左右。

2. 过滤后即可饮用。

玫瑰柠檬草茶

材料：柠檬草 5克，玫瑰花 3朵。

冲泡：1. 将柠檬草和玫瑰花一起用沸水冲泡3分钟左右。

2. 过滤后即可饮用。

熏衣草茶

材料：熏衣草4克，金盏花 3朵。

冲泡：1. 将熏衣草、金盏花分别投入玻璃壶中。

2. 冲入开水，泡3~5分钟。

3. 将泡好的茶汤过滤，倒入杯中即可饮用。

3 顺其自然——按季节喝茶

　　一年之中分春、夏、秋、冬四季，季节总是在不断变化的，人的生理活动也随着季节的变化而变化。应当随着季节不同而选用不同品种的茶。

春 季

　　春季，万物复苏的季节，经过一冬的酝酿，鲜叶都很饱满，正处于最佳状态。这时，饮用绿茶为好。春茶采摘时间一般在春分、清明、谷雨前。这时，茶叶最为鲜爽、清淡，一杯清新的绿茶能够驱散整个冬天沉淀下来的疲倦。

龙井茶

龙井茶制作有一套独特的技艺和手法。包括：抓、抖、搭、塌、推、扣、磨、压等多种手法。在青锅中翻炒，密切配合，做到手不离茶，茶不离锅，协调运用才能炒制出上品的龙井茶，是典型的炒青绿茶。

龙井茶产于杭州西湖附近的狮峰山、梅家坞、云栖和灵隐一带。龙井茶的品质特点色泽翠绿，外形扁平光滑，形似"碗钉"。汤色清澈明亮，香高持久，味醇厚，向有"色绿、香郁、味醇、形美"的美称。

中投法

器具：玻璃杯、茶荷、茶匙、茶盘（水盂）。

选水：水温85~90℃开水。

冲泡：1. 洁具：

温杯——将煮开的热水倒入杯中至三分满，左手轻抚杯身，右手拿住杯底，右手慢慢转动，将热水温烫杯子的每一个部位，将其水倒入茶盘。

2. 冲水：至杯的三分满。

3. 赏茶：欣赏干茶的外形及香气。

4. 置茶：用茶匙将茶叶从茶荷中轻轻拨入杯中。

5. 冲水：再次冲水至杯的七分满，此次冲水时，要注意使水的注入节奏呈现上下提拉三次而水流不断的状态，称为"凤凰三点头"，表示对宾客的欢迎。

6. 奉茶：双手托杯底奉茶到客人面前。

注意 温杯的目的是为了提高杯子的温度，稍后泡茶时不至冷热悬殊。

建议 由于绿茶的制作工艺特殊，茶叶一般泡制三泡为最宜。

太平猴魁

太平猴魁产于安徽省黄山市黄山区新明乡的猴坑、猴岗一带。太平猴魁的品质特征为：茶呈扁平状，两端略尖、肥厚壮实，每一片茶叶约长5~6厘米。由于生长环境特殊，蕴有独特的兰花香，对茶叶品质形成构成有利的影响，茶叶香高持久，味醇爽口、茶汤青绿。

下投法

器具：玻璃杯、茶荷、茶匙、茶盘（水盂）。

选水：水温85~90℃开水。

冲泡：1. 洁具：

温杯——将煮开的热水倒入杯中至三分满，左手轻抚杯身，右手拿住杯底，右手慢慢转动，将热水温烫杯子的每一个部位，将其水倒入茶盘。

2. 赏茶：欣赏干茶的外形及香气。

3. 置茶：用茶匙将茶叶从茶荷中轻轻拨入杯中。

4. 冲水：冲水至杯的七分满，此次冲水时，要注意使水的注入节奏呈现上下提拉三次而水流不断的状态，称为"凤凰三点头"，表示对宾客的欢迎。然后使用高冲，高冲可以使茶叶在杯中翻滚，从而激发茶性，使之香高，汤色均匀。

5. 奉茶：双手托杯底奉茶到客人面前。

建议　　在玻璃杯泡茶法中，在最后的奉茶时，一是注意不用手指接触上面杯口处；二是双手持杯底奉茶，这样做的好处是不会烫伤手指，因为杯底的玻璃层比较厚。

信阳毛尖

采用上投法冲泡

信阳毛尖产于河南省信阳地区。信阳毛尖的品质特征外形纤细、圆直、多毫、色泽光润、汤色清澈、味鲜清醇。

六安瓜片

采用下投法冲泡

六安瓜片产于安徽省的六安、霍山、金寨县一带。依据产地的不同又分为内山、外山两个产区。内山的品质要高于外山。六安瓜片具有悠久的历史，早在唐代就记入书中。瓜片所采用的原料为单片茶叶，无梗，其叶状好像"瓜子"。茶的品质特征表现为色泽墨绿、外表挂有白霜，香气清高、味道甘鲜。

碧螺春

碧螺春产于江苏省吴县太湖之东西山洞庭。采摘时间在春分到谷雨之间。碧螺春的品质特征表现为纤细弯曲成螺，外表披满白毫、浓郁甘醇、具有独特的花香果味。

上投法

器具：玻璃杯、茶荷、茶匙、茶盘（水盂）。

选水：水温75~80℃的开水。

冲泡：1. 洁具：

温杯——将煮开的热水倒入杯中至三分满，左手轻抚杯身，右手拿住杯底，右手慢慢转动，将热水温烫杯子的每一个部位，将其水倒入茶盘。

2. 冲水：将水冲入杯中至七分满。

3. 赏茶：欣赏干茶的外形及香气。

4. 置茶：用茶匙将茶叶从茶荷中轻轻拨入杯中。

5. 赏茶：再一次赏茶，茶叶入水慢慢地舒展开，滑落到杯底，白毫飞舞酷似飞雪称之"茶舞"。

6. 奉茶：双手托杯底奉茶到客人面前。

注意

1. 碧螺春的选水很重要。由于芽叶较嫩，所以水温一定要控制好，初学者可采用温度计来测水温。

2. 水不要烧到75~80℃就停止加温了。泡茶，采用的是烧开后放置到75~80℃的熟水。

夏 季

夏季，气候干热，人体大量排汗，体内消耗的水分较多，宜饮凉性味苦的绿茶、花茶、普洱生茶。可以起到消暑、消热、解毒的作用。因为这几种茶中茶多酚、咖啡碱、氨基酸的含量比较多，可以刺激口腔黏膜、促进消化、利于生津解渴。

茉莉花茶

茉莉花是用绿茶做主原料与新鲜的茉莉花熏制而成的。茶叶清香宜人，具有提神醒脑的作用。在炎热的夏日品一杯茉莉花，有助于提神醒脑、生津止渴。

盖碗冲泡茉莉花茶

器具：青花盖碗、茶荷、茶匙、茶盘（水盂）。

选水：水温75~80℃的开水。

冲泡：1. 洁具：

温杯——将煮开的热水倒入杯中至三分满，双手托住杯身，慢慢转动，将热水温烫杯子的每一个部位，将其水倒入茶盂。

2. 冲水：将水冲入杯中至七分满。

3. 赏茶：欣赏干茶的外形及香气。

4. 置茶：用茶匙将茶叶从茶荷中轻轻拨入杯中。

5. 奉茶：一手托杯底，一手扶杯盖奉茶到客人面前或是双手托杯底奉茶。

6. 品茶：左手托杯底，右手揭盖，慢慢用杯盖滑动茶汤，掠开茶叶。茶叶入水慢慢地舒展开，滑落到杯底。品饮即可。

黄山毛峰（下投法）

黄山毛峰主要产于在安徽黄山，茶园主要生长在山高谷深之处。这里峰峦叠翠、气候温和、森林茂盛、雨量充沛、土壤肥厚，有利于茶树的生长。黄山毛峰的品质特征表现为形似雀舌、肥厚壮实、身披银毫、色如象牙、香高味醇、汤色清澈、滋味醇厚。

盖碗冲泡黄山毛峰

器具：随手泡、手绘盖碗、公道杯、品茗杯、茶荷、茶匙、滤网、茶盘（水盂）。

选水：水温90~95℃的开水。

冲泡：1. 洁具：

温壶——将随手泡中的热水冲入杯中温烫。

温公道杯——将紫砂壶中的水倒入公道杯中温烫。

温杯——将公道杯中的水温烫品茗杯。

2. 赏茶：将茶叶放至茶荷中，请客人赏茶。

3. 置茶：将选用好的茶叶用茶匙拨至杯中。

4. 冲水：第一泡茶冲水，提壶高冲，激发茶性。

5. 出汤：将杯中的茶汤冲入公道杯中，目的是使茶汤均匀。

6. 分茶：将公道杯中的茶汤分别分入品茗杯中至杯的七分满。

7. 奉茶：双手敬奉给客人。

8. 赏茶：右手托起品茗杯，观赏汤色。

9. 品茶：细饮慢品，体会黄山毛峰的真味。

普洱茶（生茶）

普洱茶产于云南，采用大叶种晒青毛茶为原料，经过加工过程不同分为熟茶和生茶两种，统称普洱茶。炎炎夏日建议选择普洱生茶，生茶没有经过发酵，采摘后经杀青晾晒后直接做成毛茶，然后压制成饼。工艺近似于绿茶。

盖碗冲泡普洱生茶

器具：随手泡、盖碗、公道杯、品茗杯、茶刀、茶荷、茶匙、滤网、茶盘（水盂）。

选水：水温100℃以上沸水。

冲泡：
1. 洁具：

    盖碗——将随手泡中的热水冲入盖碗中温烫。

    温公道杯——将盖碗中的水倒入公道杯中温烫。

    温杯——将公道杯中的水再次温烫品茗杯。

2. 起茶：用茶刀撬茶，适量。

3. 赏茶：将撬好的茶叶放至茶荷中，请客人赏茶。

4. 置茶：将选用好的茶叶用茶匙拨至盖碗中。

5. 洗茶：冲水至盖碗中，至满唤醒茶叶，迅速提壶倒出。

6. 冲水：第一泡茶冲水，根据所选用的茶叶控制泡茶的时间。

7. 出汤：将盖碗中的茶汤冲入公道杯中，目的是使茶汤均匀。

8. 分茶：将公道杯中的茶汤分别分入品茗杯中至杯的七分满。

9. 品茶：观其色，赏汤，品茶三口饮。

 建议　　根据选用的普洱茶不同，洗茶时，必要的时候可以洗两遍。视茶叶的情况而定。由于普洱茶加工工艺特殊，会在渥堆时沾上一些浮尘，洗茶是为了把浮尘洗去，所以不要使用洗茶的水温烫品茗杯。

秋 季

　　秋季，天气逐渐转凉，气候干燥，又称"秋燥"。这时候应当饮用半发酵茶。这类茶不寒不温，既能清热解暑，又可减轻秋季因干燥带来的不适。

冻顶乌龙

器具：随手泡、紫砂壶、公道杯、闻香杯、品茗杯、茶荷、茶匙、滤网、茶盘（水盂）。

选水：水温95℃以上沸水。

冲泡：1. 洁具：

温壶——将随手泡中的热水冲入壶中温烫。

2. 赏茶：将茶叶放至茶荷中，请客人赏茶。

3. 置茶：将选好的茶叶用茶匙拨至壶中。

4. 洗茶：冲水至壶中，至满，唤醒茶叶，迅速提壶倒入公道杯。

5. 洁具：

温公道杯　　将紫砂壶中的水倒入公道杯中温烫。

温杯——将公道杯中的水温烫闻香杯、品茗杯。

6. 冲水：第一泡茶冲水，根据所选用的茶叶控制泡茶的时间，一般乌龙茶第一泡在45秒钟左右。

7. 出汤：将壶中的茶汤冲入公道杯中，目的是使茶汤均匀。

8. 分茶：将公道杯中的茶汤分别分入闻香杯中至杯的七分满。

9. 奉茶：将闻香杯和品茗杯放在托盘上，双手敬奉给客人。

10. 闻香：左手拿起闻香杯旋转倒入品茗杯中，闻香同时上下拉动闻香杯，体会高温香、中温香、低温香。这些不同温度下的茶香都值得慢慢体会。

11. 赏茶：右手托起品茗杯，观赏汤色。

12. 品茶：一小口一小口慢慢体会冻顶乌龙的美。

建议 乌龙茶洗茶　次即可，主要是为了唤醒茶叶。

盖碗冲泡铁观音

器具：随手泡、白瓷盖碗、公道杯、品茗杯、茶荷、茶匙、滤网、茶盘（水盂）。

选水：水温95℃以上沸水。

冲泡：1. 洁具：

温杯——将随手泡中的热水冲入杯中温烫，倒出。

2. 赏茶：将茶叶放至茶荷中，请客人赏茶。

3. 置茶：将选好的茶叶用茶匙拨至杯中。

4. 洗茶：冲水至杯中，至满唤醒茶叶，迅速提壶倒入公道杯。

5. 沽具：

温公道杯——将盖碗中的水倒入公道杯中温烫。

温杯——将公道杯中的水温烫品茗杯。

6. 冲水：第一泡茶冲水，根据所选用的茶叶控制泡茶的时间，一般乌龙茶第一泡在45秒钟左右。

7. 出汤：将杯中的茶汤冲入公道杯中，目的是使茶汤均匀。

8. 分茶：将公道杯中的茶汤分别分入品茗杯中至杯的七分满。

9. 奉茶：双手敬奉给客人。

紫砂冲泡大红袍

器具：随手泡、紫砂壶、公道杯、品茗杯、茶荷、茶匙、滤网、茶盘（水盂）。

选水：水温95℃以上沸水。

冲泡：1. 洁具：

温壶——将随手泡中的热水冲入壶中温烫。

2. 赏茶：将茶叶放至茶荷中，请客人赏茶。

3. 置茶：将选用好的茶叶用茶匙拨至壶中。

4. 洗茶：冲水至壶中，至满唤醒茶叶，迅速提壶倒入公道杯。

5. 洁具：

温公道杯——将紫砂壶中的水倒入公道杯中温烫。

温杯——将公道杯中的水温烫品茗杯。

6. 冲水：第一泡茶冲水，根据所选用的茶叶控制泡茶的时间，一般乌龙茶第一泡在45秒钟左右。

7. 出汤：将壶中的茶汤经滤网冲入公道杯中，目的是使茶汤均匀。

8. 分茶：将公道杯中的茶汤分别分入品茗杯中至杯的七分满。

9. 奉茶：双手敬奉给客人。

10. 赏茶：右手托起品茗杯，观赏汤色。

11. 品茶：细饮慢品，体会大红袍的真味。

冬 季

　　冬季，天气转凉，一天比一天寒冷，寒气极重。这个季节适合品饮一些温和的茶。红茶、普洱热茶都是不错的选择，有助于抵御寒气，增强抵抗力。

普洱茶（熟茶）

器具：随手泡、紫砂壶、公道杯、品茗杯、茶刀、茶荷、茶匙、滤网、茶盘（水盂）。

选水：水温100℃以上沸水。

冲泡：1. 洁具：

温壶——将随手泡中的热水冲入壶中温烫。

温公道杯——将紫砂壶中的水倒入公道杯中温烫。

温杯：将公道杯中的水温烫品茗杯。

2. 起茶：用茶刀撬茶，取适量。

3. 赏茶：将撬好的茶叶放置茶荷中，请客人赏茶。

4. 置茶：将选用好的茶叶用茶匙拨至壶中。

5. 洗茶：冲水至壶中，至满唤醒茶叶，迅速提壶倒出。

6. 冲水：第一泡茶冲水，根据所选用的茶叶控制泡茶的时间。

7. 出汤：将壶中的茶汤经滤网冲入公道杯中，目的是使茶汤均匀。

8. 分茶：将公道杯中的茶汤分别分入品茗杯中至杯的七分满。

9. 品茶：观其色，赏汤，品茶三口饮。

建议 　根据选用的普洱茶不同，在洗茶时可以洗1~2遍（茶叶灰尘多，就需要洗两遍）。因为普洱茶的加工工艺特殊，渥堆时会有一些浮尘，注意是为了把浮尘洗去，所以不要使用洗茶的水温烫品茗杯。

玻璃壶冲泡正山小种

器具：随手泡、玻璃壶、公道杯、品茗杯、茶荷、茶匙、滤网、茶盘（水盂）。

选水：水温100℃以上沸水。

冲泡：1. 洁具：

温壶——将随手泡中的热水冲入壶中温烫

温公道杯——将紫砂壶中的水倒入公道杯中温烫。

温杯——将公道杯中的水温烫品茗杯。

2. 赏茶：将茶叶放至茶荷中，请客人赏茶。

3. 置茶：将选用好的茶叶用茶匙拨至壶中。

4. 冲水：第一泡茶冲水，提壶高冲，激发茶性，充分发挥正山小种的色、香、味。

5. 出汤：将壶中的茶汤经滤网冲入公道杯中，目的是使茶汤均匀。

6. 分茶：将公道杯中的茶汤分别分入品茗杯中至杯的七分满。

7. 奉茶：双手敬奉给客人。

8. 赏茶：右手托起品茗杯，观赏汤色。

9. 品茶：细饮慢品，体会正山小种的真味。

滇红

器具：随手泡、玻璃壶、公道杯、品茗杯、茶荷、茶匙、滤网、茶盘（水盂）。

选水：水温100℃以上沸水。

冲泡：
1. 洁具：

    温壶——将随手泡中的热水冲入壶中温烫。

    温公道杯——将玻璃壶中的水倒入公道杯中温烫。

    温杯——将公道杯中的水温烫品茗杯。

2. 赏茶：将茶叶放至茶荷中，请客人赏茶。

3. 置茶：将选用好的茶叶用茶匙拨至壶中。

4. 冲水：第一泡茶冲水，提壶高冲，激发茶性，充分发挥红滇的色、香、味。

5. 出汤：将壶中的茶汤经滤网冲入公道杯中，目的是使茶汤均匀。

6. 分茶：将公道杯中的茶汤分别分入品茗杯中至杯的七分满。

7. 奉茶：双手敬奉给客人。

8. 赏茶：右手托起品茗杯，观赏滇红汤色。

9. 品茶：细饮慢品，体会滇红的真味。

四季宜饮用的茶

春、夏季名茶			
绿　茶			
竹叶青	碧螺春	西湖龙井	太平猴魁
黄山毛峰	信阳毛尖	六安瓜片	婺源茗眉
黄　茶			
霍山黄芽	君山银针	蒙顶黄芽	
白　茶			
白牡丹	寿眉	白毫银针	

秋 季 名 茶			
青　茶			
大红袍	白鸡冠	水金龟	铁罗汉
凤凰水仙	铁观音	冻顶乌龙	文山包种
冬 季 名 茶			
红　茶			
正山小种	滇红	祁门红茶	红碎茶
黑　茶			
六堡茶	茯砖	普洱	

清雅茶食茶点

茶最早以药的角色进入人们的生活，逐步演变为可与佐料搅拌饮用，然后，再慢慢地发展至单独饮用。"茶苦而寒，阴中之阴"，所以最能降火。将茶引入食材中可以提高食物的鲜爽度，增加食物的营养。但并不是所有食物都可以与茶搭配。茶中含有复杂的成分，和不同的食物混合便会产生不同的作用。因此，在选用茶与食物进行搭配时必须了解它们是否性味相合，如果选择不当，不但没给身体带来健康，反而还会起到相反的作用。

一些小常识：

餐前饮茶：用餐前饮茶最好选用红茶、普洱茶。这两种茶都属于全发酵茶，没有刺激感。餐前我们的胃处于放空的状态，其他茶类都略带有刺激性，会引起心悸、眼花、头昏等现象，并且还会增加人们的饥饿感，而红茶、普洱茶则相反，有利于培养进餐的好胃口。

餐后饮茶：用餐后饮茶最好选用绿茶、乌龙茶、花茶。这类茶香气较重，可以促进肠道蠕动，有助于消化，并能带来轻松愉悦的气氛。但不管是餐前还是餐后饮茶最好能与就餐时间间隔半个小时，这样才能做到健康饮茶。

牛　　肉：食用牛肉宜于喝绿茶。因为牛肉的热量较高，喝比较清淡的茶能起到平衡的作用。

鸡鸭肉：食用鸡鸭肉宜饮用乌龙茶。

海　　鲜：食用海鲜时，切记不要饮用任何茶。海鲜中含有磷、钙等矿物质元素，与茶中含有的草酸根容易产生结石，累积下来不易于排出体外，长时间积累，会给身体带来伤害。

茶味果蔬沙拉

主料：绿茶。

配料：小番茄、紫甘蓝、红椒、黄椒、苹果、鸭梨（可根据自己的喜好添加）若干。

调料：沙拉酱适量。

制作方法：1. 将绿茶泡开，茶汤控干，装盘。

2. 紫甘蓝、红椒、黄椒、苹果、鸭梨切丝，装盘。

3. 倒入沙拉酱，充分搅拌所有食材即可。

4. 把茶汤根据自己的喜好酌量浇入沙拉中即可食用。

TIPS 需要根据自己的喜好来控制茶汤加入的量，喜茶味可多加。

乌龙炒腰花

主料：乌龙茶适量，猪腰300克，红椒1个，黄椒1个。

配料：葱碎、姜末、蒜末300克。

调料：食盐、鸡精、白胡椒适量。

制作方法：1. 将乌龙茶泡开，茶汤控干，备用。

2. 猪腰从中间切开，去除白色的臊腺，切成花刀，开水煮熟捞出，再放清水中浸泡去味，备用。

3. 红椒、黄椒切片，备用。

4. 开火倒油，油热后炒香葱碎、姜末、蒜末。

5. 加入红黄椒片翻炒3~4分钟，加入腰花继续翻炒1分钟。

6. 加入乌龙茶叶、调料翻炒1分钟即可。

绿茶笋尖

主料：绿茶适量，春笋200克，里脊200克，红辣椒适量。

配料：葱碎、姜末、蒜末、豆瓣酱适量。

调料：食盐、鸡精、肉粉适量。

制作方法：1. 将绿茶泡开，茶汤控干，备用。

2. 里脊切丝，加入肉粉提嫩。春笋拨皮切丝、红辣椒切丝，备用。

3. 开火倒油，油热后炒香豆瓣酱，再加入葱碎、姜末、蒜末。

4. 加入里脊丝翻炒2分钟。

5. 加入笋尖翻炒3分钟，加入红辣椒丝继续翻炒1分钟。

6. 加入绿茶叶、调料翻炒1分钟即可。

茶汁煎鱼豆腐

主料：绿茶适量，鱼豆腐200克。

配料：鸡蛋1个。

调料：食盐、鸡精、淀粉适量。

制作方法：1. 将绿茶泡开，茶叶、茶汤均备用。

2. 鱼豆腐切成小块，打散鸡蛋，加入少量食盐，备用。

3. 开火倒油，油热后鱼豆腐裹鸡蛋液煎3~4分钟，然后装盘。

4. 换锅倒少量油，加入茶叶翻炒，倒入茶汤，加入调料勾芡。

5. 将汤汁淋在煎好的鱼豆腐上即可。

枸杞茶羹

主料：普洱生茶（也可根据自己的喜好选择其他的茶），鸡蛋1个。

配料：枸杞、香叶适量。

调料：食盐、香油适量。

制作方法：1. 将普洱生茶泡开，取茶汁，备用。

2. 打散鸡蛋加入普洱茶汁。

3. 加入食盐搅拌均匀。

4. 上锅蒸10分钟左右，出锅时加入枸杞、香叶、两滴香油即可。

茶香小排

主料：普洱熟茶适量，猪小排300克。

配料：白芝麻若干。

调料：食盐、鸡精、料酒、白糖、生抽、米醋、啤酒适量。

制作方法：1. 将普洱茶泡开，取茶汁，备用。

2. 猪小排切段凉水下锅，煮开，去除血沫，捞出。

3. 开火倒油，油热后加入猪小排翻炒变色。

4. 加入茶汁、料酒、白糖、生抽、米醋、啤酒，煮沸转小火焖30分钟左右。

5. 汤汁挂在小排上，撒上白芝麻即可食用。

绿茶焖培根

主料：绿茶适量，培根100克，豆角100克。

配料：葱碎、姜末、蒜末各适量。

调料：食盐、鸡精适量。

制作方法：1. 将绿茶泡开，茶汤控干，备用。

2. 培根改刀成丝。豆角切丝备用。

3. 开火倒油，油热后炒香葱碎、姜末、蒜末。

4. 加入豆角翻炒4分钟。

5. 加入培根翻炒3分钟。

6. 加入绿茶叶、调料翻炒1分钟即可。

TIPS 豆角一定要炒熟，半生豆角会引起食物中毒。

乌龙焖鸡

主料：乌龙茶适量，三黄鸡300克，红椒、黄椒适量，土豆200克。

配料：葱碎、姜末、蒜末若干。

调料：食盐、鸡精、胡椒粉适量。

制作方法：1. 将乌龙茶泡开，茶叶、茶汤备用。

2. 三黄鸡切块、土豆切块，红椒、黄椒切片备用。

3. 开火倒油，油热后炒香葱碎、姜末、蒜末。

4. 加入三黄鸡翻炒5分钟。

5. 加入土豆翻炒3分钟，加入乌龙茶茶汤、调料，大火烧开后转小火焖30分钟左右。

6. 加入乌龙茶叶、红椒、黄椒片翻炒1分钟即可。

酱香茶味鸡丁

主料：绿茶适量、鸡胸（或鸡腿肉）200克、黄瓜1条。

配料：葱碎、姜末、蒜末、甜面酱适量。

调料：食盐、鸡精、嫩肉粉适量。

制作方法：1. 将绿茶泡开，茶汤控干，茶叶备用。

2. 鸡肉切丁，加入嫩肉粉提嫩。黄瓜切丁，备用。

3. 开火倒油，油热后炒香葱碎、姜末、蒜末。

4. 加入鸡肉丁翻炒3分钟，加入甜面酱炒匀。

5. 加入黄瓜丁翻炒2分钟。

6. 加入绿茶叶、调料翻炒1分钟即可。

乌龙茶茶点

茶香水煎包

主料：乌龙茶适量、面粉适量、肉馅适量。

配料：葱末、姜末、蒜末若干。

调料：食盐、鸡精、胡椒粉、香油、食用油适量。

制作方法：1. 将乌龙茶泡开，茶叶、茶汤备用。

2. 乌龙茶剁碎加入肉馅中，放入食盐、鸡精、胡椒粉、香油、葱末、姜末、蒜末、食用油搅拌均匀。

3. 加入茶汤揉成面团，擀成饺子皮大小。

4. 包成包子形状。

5. 倒入油，热锅后放入包子煎制，八成熟时停火。

6. 开盖加入少量水，盖上盖子继续开火煎熟即可。

TIPS 在八成熟时撒上少量的水，水煎包会很松软。

乌龙小烧饼

主料：乌龙茶汁适量，面粉200克。

配料：鸡蛋2个、蜂蜜100克、牛奶50克。

调料：黄油10克，泡打粉2克，食用油适量。

制作方法：1. 用乌龙茶汁与面粉、鸡蛋、蜂蜜、黄油、泡打粉、牛奶搅拌均匀。

2. 开小火倒油，将步骤1中搅拌好的面糊放入锅中，外形同鸡蛋大小为一个。

3. 煎制4分钟左右即可。

乌龙沙琪玛

主料：乌龙茶适量，高筋面粉500克，果脯、葡萄干若干。

配料：鸡蛋4个，牛奶50毫升。

调料：泡打粉5克，酵母粉5克，白糖适量。

制作方法：1. 将乌龙茶泡开，茶汤备用。

2. 用乌龙茶汁与面粉、鸡蛋、牛奶、泡打粉、酵母粉搅拌均匀，放置一小时。

3. 将面团擀成面条，抓散。

4. 将抓散的面条下热锅炸至金黄色，出锅。

5. 倒入少量油，熬制糖浆。

6. 将炸好的沙琪玛条和糖浆搅拌均匀，加入果脯、葡萄干压实。

7. 放置阴凉处，等待其凝结即成。

乌龙小面包

主料：乌龙茶适量，面粉300克。

配料：牛奶20克。

调料：酵母粉5克，白糖10克，黄油30克。

制作方法：1. 将乌龙茶泡开，取茶汁300克，备用。

2. 酵母粉、白糖、黄油、茶汁、面粉揉成面团，发酵至2倍大。

3. 分割揉成两个或多个小面团，再次发酵至2倍大，表面刷上牛奶。

4. 放入烤箱，190℃烤制15分钟即可。

绿茶

绿茶慕斯

主料：绿茶粉适量，蛋糕胚一个。

配料：鲜奶油250克、新鲜的水果（可根据自己的喜好选择）。

制作方法：1. 用搅拌器打发奶油。

2. 将奶油涂抹在蛋糕胚上。

3. 撒上绿茶粉，装点水果即可。

TIPS　可以放在冷藏室中，凉凉的味道更好。

绿茶小饼

主料：绿茶粉适量，原味小饼干。

配料：鲜奶油250克，新鲜的水果（可根据自己的喜好选择）适量。

制作方法：1. 用搅拌器打发奶油。

2. 加入绿茶粉一起搅拌。

3. 将绿茶奶油涂抹在小饼干上即可。

绿面烧麦

主料：绿茶粉适量，面粉、肉馅、胡萝卜碎适量。

配料：葱末、姜末、蒜末若干。

调料：食盐、鸡精、胡椒粉、香油、食用油各适量。

制作方法：1. 肉馅中放入胡萝卜碎、食盐、鸡精、胡椒粉、香油、葱末、姜末、蒜末、食用油搅拌均匀。

2. 加入绿茶粉和面粉揉成面团，擀成饺子皮大小。

3. 包成包子形状，但中间不封口。

4. 上锅蒸10分钟即可。

红茶燕麦包

主料：红茶适量，全麦粉300克。

配料：燕麦适量。

调料：食盐5克，酵母粉5克，白糖10克，食用油1勺。

制作方法：1. 将红茶泡开，取茶汤350克，备用。

2. 食盐、酵母粉、白糖、食用油、茶汤、全麦粉混合揉成面团，发酵至2倍大。

3. 分割揉成两个或多个小面团，再次发酵至2倍大，撒上燕麦。

4. 放入烤箱，190℃烤制35分钟即可。

普洱芝麻包

主料：普洱熟茶适量，全麦粉300克。

配料：黑芝麻适量。

调料：食盐5克，酵母粉5克，白糖10克，食用油1勺。

制作方法：1. 将普洱茶泡开，取茶汤350克，备用。

2. 食盐、酵母粉、白糖、食用油、茶汤、全麦粉混合揉成面团，发酵至2倍大。

3. 分割揉成两个或多个小面团，再次发酵至2倍大，撒上黑芝麻。

4. 放入烤箱，190℃烤制35分钟即可。

乌龙老母鸡参汤

主料：乌龙茶适量，三黄鸡1只，西洋参1根。

配料：葱段、姜片、山药、红枣、枸杞若干。

调料：食盐、鸡精适量。

制作方法：1. 三黄鸡用沸水焯一下去除血腥味。

2. 将鸡放入沙锅中，加入葱段、姜片、西洋参。

3. 加满水煮沸，转小火，90分钟左右，汤色呈浅白色时停火。

4. 加入乌龙茶、山药、红枣、枸杞等，开火10分左右，加入调料即可。

TIPS 调料最好在关火前加入，不宜加入过早，否则会影响汤的鲜度。

牛蒡绿茶棒骨汤

主料：绿茶适量，棒骨500克。

配料：葱段、姜片、牛蒡、胡萝卜各适量。

调料：食盐、鸡精适量。

制作方法：1. 棒骨用沸水焯一下去除血腥味。

2. 牛蒡去皮，胡萝卜切断。

3. 将棒骨放入沙锅中加入葱段、姜片。

4. 加满水煮沸，转小火40分钟左右。

5. 加入牛蒡、胡萝卜，小火慢煮20分左右，加入绿茶叶、调料即可。

TIPS 为了防止绿茶太老，最好在出锅时加入。

红茶牛丸汤

主料：红茶适量，牛肉馅300克。

配料：葱末、姜末、胡萝卜、蒜末、小油菜适量。

调料：香油、食用油适量。

制作方法：
1. 将红茶泡开，茶汤备用。
2. 胡萝卜切片，小油菜从中间切开四瓣。
3. 牛肉馅中放入食盐、鸡精、胡椒粉、香油、葱末、姜末、蒜末、食用油搅拌均匀。
4. 加满红茶汤煮沸，用小勺做出肉丸形状放入锅中。
5. 开锅后加入胡萝卜、小油菜，5分钟左右，加入调料即可。

乌龙排骨汤

主料：乌龙茶适量，小排骨300克。

配料：葱段、姜片、白萝卜适量。

调料：食盐、鸡精适量。

制作方法：1. 小排骨用沸水焯一下去除血腥味。

2. 白萝卜去皮，切断。

3. 将小排骨放入砂锅中加入葱段、姜片。

4. 加满水煮沸，转小火40分钟左右。

5. 加入白萝卜，小火慢煮20分左右，加入乌龙茶叶、调料即可。

肉丸豆腐普洱汤

主料：普洱茶适量、鸡肉馅300克。

配料：葱末、姜末、小香葱、蒜末、北豆腐适量。

调料：香油、食用油。

制作方法：
1. 将普洱茶泡开，茶汤备用。
2. 北豆腐切条。
3. 鸡肉馅中放入食盐、鸡精、胡椒粉、香油、葱末、姜末、蒜末、食用油搅拌均匀。
4. 加满红茶汤煮沸，用小勺挖出肉丸形状放入锅中。
5. 开锅后加入豆腐条、加入调料、香葱末即可。

三

品茶环境养性

茶具的审美享受

茶盘

茶盘，又称"茶船"或"茶洗"。用来盛放泡茶所需要的主要泡茶用具，如紫砂壶，公道杯，品茗杯等，同时用来盛放泡茶时所产生的废水。

茶盘的质地有多种，常见的有竹木制作、紫砂制作玉石制作、及陶瓷制作等。其造型各异，根据茶盘质地的不同，可以在茶盘上面进行雕花，勾画。茶盘色彩丰富，给每一次茶会增加了不少乐趣。茶盘还可根据泡茶的不同场合，依据个人爱好来选择不同形式的茶盘。

注意 由于北方天气干燥，竹木制作的茶盘需要经常用茶水浇淋，防止断裂。

建议 紫砂茶盘材质特殊，可以同紫砂壶一样养玩，可以借助养壶笔将茶汤涂抹在茶盘边缘、角落。茶盘长时间使用后外表也会变得油亮、润泽。

随手泡

随手泡，即煮水器，用来煮沸泡茶时所需要的用水。煮水在泡茶的过程中置于首要的位置，掌握煮水的技巧、水的温度，对泡出一杯成功的茶汤起到关键作用。随着时间的发展，人们对不同场合饮茶的需求以及煮水器自身的不断演变，现在市场上出现的相关煮水器品种繁多，如常见的玻璃酒精壶制煮水器、小型电磁炉煮水器、电热铝制煮水器、小型煤炭铁制煮水器等。除了材质，煮水器的外观上也有不少创意。在煮水器上进行贴花，造型新颖别致。常用的一般是电热煮水器，方便、快捷、安全，可以自动断电。但是对于野外郊游，电热煮水器就不是很方便，所以可以采用玻璃酒精壶制煮水器、小型煤炭铁制煮水器。

茶壶

茶壶，用于泡制茶叶，是泡茶器具中最重要的器具之一。根据质地的不同分为紫砂壶、瓷壶、玻璃壶、石头壶。根据功能的不同分为实用壶、欣赏壶。其中紫砂质地的泥壶，在我国，乃至世界都一直深受追捧。紫砂壶因它特殊的材质特点，可塑造出不同的外形，同时可在其外表绘画和书法。做工精美的紫砂壶价值不菲，有较强的收藏价值。

注意
1. 新买回家的紫砂壶不要直接使用，需要同茶叶一同煮制再泡上一夜晾干，这样可以去除新壶的土腥味道。
2. 紫砂壶在清洗时不要用任何的洗涤液，用清水冲干即可。

建议
1. 选用紫砂壶泡茶最好选用一种茶和它搭配，长时间持续，以后泡注入沸水也会散发这种茶独特的香气。
2. 可以用茶巾或是养壶笔擦拭壶的表面，茶汤长时间的滋润会使表面润亮。但切记不要用有油性的毛巾擦拭，或用涂抹香油的手把玩。

品茶杯

品茶杯，又称品茗杯。用来品饮茶汤，杯子不宜过大，三小口能喝完为宜。品茗杯的质地多样，有瓷、陶、紫砂、玻璃等。其外形造型精巧，胎面上彩绘文图，更加艳丽夺目，惹人喜爱。

1. 白瓷杯：早在唐代，白瓷就十分受追捧，北宋时，便在唐代的基础上延续对白瓷的喜爱并在外观上装点印花、青刻花和其他点缀的装饰。

   优点：白瓷胎体洁白、光亮。用其盛茶汤可衬托出茶汤自然的汤色，更加直观地了解茶叶质量的好坏。

2. 陶、紫砂杯：两种质地的品杯极为相似，由于泥料的特征，不能够明显地看出其中茶汤的特点，但人们将瓷与之相结合，杯中烧制白瓷，外表烧制陶或紫砂，这样的结合不仅满足了个人的爱好，同时对于茶汤的好坏也有了直观的视觉评定。

3. 玻璃杯：玻璃质地透明，造型各异，用途广泛。

   缺点：导热快，易烫手，易破碎。

盖碗

盖碗，又称"三才杯"。清代时深受皇室、高官、及文人钟爱。盖碗一杯分为三件：杯托、杯身、杯盖。被誉为"天、地、人"，蕴含着"天盖之、地载之、人育之"之意。盖碗随着各种工艺的发展，材质多样。闽南一带还将盖碗代替了茶壶，成为了主要的泡茶用具。北方人多用盖碗直接泡茶，人手一杯直接品饮。

注意 使用盖碗饮茶，要避免被过热的水烫伤。

公道杯

公道杯，又称茶海。将泡好的茶汤先倒入公道杯，再分别倒入每位客人的杯中，可使每位客人杯中的茶汤浓度相同。这其中蕴含着"观音普度，众生平等"的意思。其次，茶汤如果长时间在壶中闷泡会苦涩，所以将茶汤倒入公道杯中，保持茶汤的浓谈，也有助于随时分饮。公道杯的质地也是多种多样，造型各异的。

建议 在选择公道杯时有两点需要注意。一是，最好选用带手柄的，防止烫伤手。二是，建议选择杯内挂有白色胎体的或是玻璃质地的公道杯，这样容易观察茶汤。

过滤网和过滤架

过滤网，用来将茶叶和茶汤分离开，放在公道杯口，可去除茶渣使茶汤更加透亮。过滤网和滤网架为一套，多采用铝、陶、瓷、竹、木、葫芦制作，中间网面有铝制和布面制作。不用时滤网放置在架子上面，这样既干净也美观。

注意 购买滤网时有的没有滤网架，不要担心，只要在不使用时将滤网倒扣在茶船上，网面不接触茶船即可。

建议 采用布面制作的滤网，相比较铝制的要过滤得干净。

107

茶叶罐

　　茶叶罐是储存茶叶的容器，用来放置干茶。茶叶买来时一般都是用纸包装或是用塑料包装袋包装，直接储存，不但每次冲泡时比较麻烦，长时间放置还会使茶叶受潮、氧化、吸附杂味，从而影响到冲泡时的口感。茶叶罐大体分为紫砂、瓷、锡、纸、玻璃等质地。不同的茶叶选用不同质地的茶叶罐也很重要。普洱最好选用紫砂茶罐，不仅透气性好，还可吸附普洱茶中的土味。花草茶最好选用玻璃茶罐，具有欣赏价值，但其他的茶叶就不太适合玻璃茶罐。锡罐密封性好，适合储存最怕空气入侵引起变质的绿茶，同时还可以把茶叶罐放置冰箱。

茶巾

　　茶巾用来擦拭壶壁、杯壁的水渍或是茶渍。由棉、麻制成。颜色多样，可根据整体茶具的颜色搭配。

注意　　茶巾在清洗的时候不要采用洗剂浸泡，做到随用随洗，摊平晾干。因为茶巾直接接触紫砂壶，且紫砂的吸附性很强，味道浓重的洗剂对紫砂壶不好。茶巾不用时宜将茶巾晾干，长时间不将茶巾晾干会使之产生异味，滋生细菌。

建议　选择吸水性好的茶巾，在购买时候可以先请店员拿样品试用。

废水桶

　　废水桶在泡茶过程中用来盛装废水、茶渣。与茶船用软管连接，容量大，可以减少泡茶时因为需要常倒水而需来回走动的问题。茶桶分上下两层，将茶渣与废水隔开，这样利于清洗。多采用木、金属、塑料材料制作。

建议　　木质的废水桶美观，但是如果不经常使用容易裂，建议采用金属质地的，不仅耐用，还便于清理。

茶道具

茶道具，又称茶艺六君子。茶道具中有五小件分别为茶匙、茶针、茶漏、茶夹、茶则，加上茶筒共六件，被称为茶艺六君子。所用材料多为木质，有黑紫檀、鸡翅木、绿檀木、压板、铁梨木等。

茶匙：是用来把茶叶从茶荷中拨到泡茶的器具里（壶或杯子）的工具。

茶针：用来疏通壶嘴。

茶漏：是放到壶口便于把茶从茶荷中放入壶中的工具。

茶夹：是用来夹品茗杯的工具。

茶则：是用来盛放茶叶，展示给品茶者看的工具。

茶筒：是用来盛放以上这些茶道具的工具。

杯垫

杯垫，奉茶时用来盛放茶杯或是垫在杯底防止茶杯烫伤桌面的小器具。一般选用竹、木、瓷、布等制作。布艺杯垫多用于放置高玻璃杯；竹、木、瓷多用于放置瓷杯或陶土杯。还可以制作成各种形状，长方形多用于放置组杯包括闻香杯、品茗杯；方形多放置单个品茗杯。

新鲜小物件：杯垫和茶道具制作成一体，简洁、大方。

茶荷

茶荷，用来盛将要沏泡的干茶，与茶则有同样的作用，为置茶的用具。茶荷更兼具赏茶功能，外形多样，材质多样，多由竹、木、陶、瓷等制成。

茶荷的使用：将茶叶由茶罐移至茶荷，承装茶叶后，供人欣赏茶叶的色泽和形状，并且可以更好地控制投茶量。

普洱刀

普洱刀，用来解散普洱茶。普洱茶有散茶和紧压茶之分，普洱茶刀主要用途是切开紧压茶。近几年来普洱茶受到越来越多的关注，它特殊的制作工艺，将简单的茶变成了可以喝的古董。受到各界人士的关注，也成为人们日常用来改善身体体质和保健的一种日常饮品。也是因为它的制作工艺特殊，它的外形多制作为紧压茶，便于运输、便于收藏。对于刚开始喝普洱的朋友来说，紧压茶喝起来不是很方便，不知道如何下手。

这时可以用普洱茶刀来切开紧压茶，方便冲泡和增加茶艺活动中的美感，集实用和艺术为一身。每次饮用之前用普洱茶刀轻轻撬开普洱茶，取下适量，便可冲泡饮用了。

茶刀根据质地可大体分为竹质茶刀、金属茶锥、金属茶刀。根据所选用的普洱茶的外形选用不同的茶刀，也是算得上是"对症下药"吧。

茶刀的使用：

(1) 竹质茶刀：选用竹质茶刀比较适合撬饼形普洱茶，饼茶压制较松。

    A. 把茶刀从茶饼侧面沿边缘插入。

    B. 稍用点力，把茶刀再往茶饼里推进去些，这样不会把茶饼撬得很散碎。

    C. 向上用力，把茶饼撬开，剥落，不断用同样的方法顺着茶叶的间隙，一层一层地撬开，就这样，饼茶就可以慢慢撬散了。

(2) 金属茶锥：金属茶锥适合比较紧的茶叶，如小沱茶。

    A. 把茶锥沿沱茶的内涡边沿用力插入。

    B. 沿沱茶内涡边缘慢慢剥撬，也可沿沱茶外沿剥撬。

建议 茶锥是比较锋利的工具，大家一定要小心，不要撬伤自己的手。

(3) 金属茶刀：这类茶刀适合撬压紧平整的紧压茶，如茶砖。

    A. 沿茶砖边沿，将茶刀插入。

    B. 稍用点力，把茶刀再往茶饼里推进去些，这样不会把茶饼撬得很散碎。

    C. 向上用力，把茶饼撬开，剥落，不断用同样的方法顺着茶叶的间隙，一层一层地撬开，就这样，饼茶就可以慢慢撬散了。

建议 在撬茶的过程中，尽可能地沿茶叶的间隙和茶叶条索的纹理方向来撬，这样可以把茶撬得更完整些，不容易把茶撬得太碎，从而影响到茶汤的口感。

闻香杯

闻香杯，用来嗅闻茶的香气所用，比品茗杯稍高，可以有效地保留茶的香气，是泡制乌龙茶特有的茶具。与品茗杯配套使用，质地相同，称为闻香组杯。

闻香杯材质一般是瓷的比较好，可以直观地欣赏到茶汤的汤色，如果是紫砂的话，难以欣赏到茶汤本质汤色，并且香气会被吸附在紫砂里面。但单纯从冲泡品饮的角度来说，是紫砂好。

优点：

A. 保温效果好。

B. 使茶香的味散发变慢，随着时间的转变，杯中的茶香也随之慢慢地发生变化，可分为高温香、中温香、低温香。

闻香杯的使用

首先将泡制好的茶汤倒入闻香杯，然后将茶杯倒扣在闻香杯上，用手将闻香杯托起（连同倒扣其上的茶杯一起），迅速地稳妥地将闻香杯倒转，使闻香杯倒扣在品茗杯上，稳稳地将闻香杯竖直向上提起（此时茶汤已被转移到了品茗杯中），将闻香杯再次倒转，使杯口朝上，双手掌心向内夹住闻香杯，靠近鼻孔，闻茶的香气，边闻边搓手掌，使闻香杯发生旋转运动，这样做的目的是使闻香杯的温度不致于迅速下降，有助于茶香气的散发。

壶承

壶承，用来盛放壶。隔开壶与茶船，避免因碰撞而发出响声影响气氛。壶承外形多样，材质多样，多为碗型或是花型，内有个小平台向上凸起很像花蕊，与边壁有一指宽，起到与废水隔开的作用。

建议 在凸起小平台处，放置一个小杯垫防止壶底的摩擦。

盖置

盖置，简易的理解就是壶盖所放的位置，在泡茶过程中常常会遇见这样的问题，壶盖从壶上取下进行冲水时找不到合适的位置放置，直接放在茶盘上不是很卫生，放在壶口与壶把边缘，容易滑落。盖置在此时就起到了它应有的作用了，将壶盖平稳地放在上面既美观也卫生。

盖置的外形很简单，材质多样，有木、竹、陶质的，可根据个人的喜好选择。

 **茶桌布置的艺术**

现代茶桌布置

现代的品茗环境不会很复杂，简单、自然得体是主流。

(1) 整洁：茶桌一般摆在客厅的茶几上，或设单独的茶桌。

(2) 美观、宁静：简单、大方并不奢华。桌面上摆有茶盘、茶道具、煮水器、泡茶工具即可。也可简单地装饰些鲜花，清新自然。

(3) 方便：大都市的人们生活节奏很快，回到家，在简洁清新的茶桌边泡上一杯茶，安安静静地享受，远离喧闹和烦恼。

适合人群 年轻人、上班族。

文化型茶桌布置

文化型茶桌充满了文化的气息，可以装饰古董、字画，呈现典型的中国文化特色。

(1) 艺术品的点缀：瓷器、香炉、字画一个都不能少，艺术品使整个茶桌显得高贵、典雅。

(2) 茶具的选用：各式各样的紫砂壶是茶桌的主题。每一把紫砂壶都能带来不一样的品味，是爱茶人爱不释手的玩物。

(3) 大气、安静：选用屋中的一角作为茶艺交流的场所，古典的装饰品能给茶室带来安静的感觉。

适合人群 喜爱传统文化的人群及茶文化爱好者。

小巧精致茶桌布置 韩式茶桌布置

小巧简单但不失茶的乐趣，小小的茶玩添加韵味。

(1) 漂亮的桌布：选用一块漂亮的桌布，鲜亮的色彩能给茶室带来清新的感觉。

(2) 小巧、别致的茶具：茶具的选择可以更加独特、新颖，不必选择传统的茶具类型。

(3) 茶宠、烛台、鲜花：茶宠一般是由紫砂制作而成，长期经过茶汤的洒淋、手中的把玩，会变得油亮、外表细滑。选用自己喜欢的茶桌装饰品可彰显品位。

适合人群 年轻人，特别是年轻女士。

韩国不是茶的原产地，茶是从外国传入的。具体是哪一个国家说法不一。但韩式饮茶在多年的演变中也有着自己的特殊饮茶方法。

(1) 具有特色的茶桌布置：

泡茶席：又称主茶床。上面放置泡茶所需要的用具。

客人席：又称副茶床。放置茶食、茶巾等物品。

香案：放置香炉。

橱柜：摆置茶壶、茶碗等。

(2) 讲究着装、静中带艺：韩式茶艺讲究出席茶会的服饰，一般采用传统的礼服。在泡茶品饮过程中客人为表示对主人的谢意，会起身献舞，别有一番乐趣。

日式茶桌布置

　　日本的煎茶和茶道只是在传统的茶道中添加了"点茶道具"，其他没有太大区别，只是在装饰上更加复杂、繁琐。

(1) 具有特色的煎茶器具：

　　炭斗：用来放置炭的容器。

　　羽扇：清扫茶炉、炉缘的器具，一般为羽毛所制。

　　火箸：用来夹炭的筷子。

　　灰器：用来盛放炉灰的容器。

　　灰匙：用来拨灰的器具。

　　备水器：包括釜和风炉、瓦炉、电炉。日式的煮水器一般是用风炉煮熟釜中的水，用小扇子护住火苗慢慢燃起，别有一番野趣。

　　柄勺：用来舀水的器具。

　　茶勺：用来盛取茶的器具。

　　茶筅：茶筅是点茶时所用的工具，水注入时，顺时针转动茶筅能打出茶末，茶末越多视为越好。

(2) 讲究礼节、重视细节：日本茶道重视每一个小的环节，每一个茶器具的位置都很讲究，都有着固定的摆放位置。并且泡茶人和品茶人也有一套饮茶行为规范。

(3) 精心准备、主题突出：每一次的茶会都会有一个主题，主人会按照主题装饰茶桌，包括花艺、字画的搭配、茶具选择等。

陈旧茶具巧利用

(1) 废旧瓷器、陶器当花瓶：在泡茶中茶具难免磕磕碰碰有所损坏，扔掉了不舍得，毕竟也是花心血淘来的心爱小物件。别担心，只要插上花草，旧茶具就能变身小花瓶，点缀我们的茶桌，与茶台的古色古香相衬，还显示了主人的创意。

(2) 陈茶巧用：习俗与节日的融合让我们注重礼尚往来，当今送健康成为时尚，所以茶叶成为了首选。有时候很多茶没有品尝，却已经过了最佳品饮时期，没有了好的口感和香气，但扔掉可惜。不如拿陈旧的茶叶做个茶枕，淡淡的茶香，可以帮助舒缓疲劳。

(3) 竹木茶具巧回收：众所周知，竹木茶具如果不经常使用，就会干裂。可以用干裂茶盘巧做田园风格收纳盒。

(4) 破碎茶具巧做装饰墙：瓷器碎片可做装饰墙，不规则的碎片和各种美丽的化纹、色彩能让墙壁呈现别样的美感。

英式茶桌布置

　　红茶的制作、饮用最早起源于中国，但红茶文化发展却在英国。英式茶艺与红茶密切相关。红茶在英国人的生活中无处不在，早餐茶、早休茶、午餐茶、午休茶还有最熟悉的下午茶等都有它们的身影。每天每人至少会饮上三次。英式茶桌的布置简单、田园。

(1) 新鲜的装饰品：多以鲜花或是常青藤装饰，充满着春天的气息。

(2) 茶具的选择：茶具多以瓷器为主。有的上面雕有鲜花、人物等装饰。

(3) 可口的小点心：女主人会准备精致的小点心搭配香甜的红茶。例如：小饼干、三明治、小蛋糕等。

茶艺与音乐

在我国，音乐与茶一样都具有悠久的历史。早在远古时代就留下了许多的富有民族特色的乐器和演奏形式。演奏出的音乐古朴、醇厚、浑圆，与茶艺表演相得益彰，营造出安静、祥和的饮茶环境。

背景音乐的功能：

(1) 放松身心、品味双重文化：我国拥有许多有特色的器乐，如古筝、二胡、古琴、琵琶等。可以独奏，可以共同演奏。在轻松的音乐下品饮一杯香茶，让心情渐渐地平静下来，使人的心像茶一样闲适静雅。

(2) 改善精神紧张状态、安定情绪：音乐把大自然的清新、鸟语和花香渗透到人们的心灵，激发茶人心中的美好，为品茶环境创造一个美好意境。优美的音乐能使人们缓解紧张的压力、安定情绪，使人心情愉快。

古筝独奏曲

(1) 《高山流水》：中国古曲之一。旋律典雅，韵味隽永，颇具"高山之巍巍，流水之洋洋"貌。传说先秦的琴师伯牙一次在荒山野地弹琴，樵夫钟子期竟能领会这是 描绘"巍巍乎志在高山"和"洋洋乎志在流水"。伯牙惊道："善哉，子之心而与吾心同。"钟子期死后，伯牙痛失知音，摔琴绝弦，终身不操，"高山流水"比喻知己或知音，也比喻乐曲高妙。品茶时聆听此曲，情绪得到放松，心旷神怡。

(2) 《渔舟唱晚》：表现了古代的江南水乡在夕阳西下的晚景中，渔舟纷纷归航，江面歌声四起的情景。旋律不但风格性很强，且十分优美动听，确有"唱晚"之趣，活泼而富有情趣。

(3) 《梅花三弄》："三弄"是指同一段曲调反复演奏三次。这种反复的处理旨在喻梅花在寒风中次第绽放的英姿、不曲不屈的个性和节节向上的气概。

(4) 《平湖秋月》：弹奏的是西湖秋夜之月。曲调采用了浙江的民间音乐，并添加了广东音乐风格，旋律秀美，音调婉转。

(5) 《出水莲》：全曲旋律清丽、典雅、明媚流畅、具有迷人的艺术魅力。

《空山鸟语》：描绘了深山幽谷，百鸟嘤啼的优美意境。音乐清新活泼，气氛活跃表达了人们对美丽大自然的热情赞颂。

《离骚》：根据屈原的同名作品而作。曲谱最早见于《神奇秘谱》。原曲为九段，后人衍为十八段。全曲随情绪的起伏变化，曲调鲜明、生动。

葫芦丝独奏

(1) 《月光下的凤尾竹》：此曲将我们带到了澜沧江边翠绿欲滴的凤尾竹林，看到一群美丽的少女穿起心仪已久的筒裙，在碧波荡漾的江边漫步起舞，全曲音乐活泼、清新俏皮。

(2) 《蝴蝶泉边》：描述的是云南大理蝴蝶泉边对歌定情的白族青年的爱情故事。音乐富有动力，旋律轻快激昂，表达了对美好生活的向往。

合奏音乐

(1) 《彩云追月》：此曲简单、质朴，流畅，优美抒情。运用笛、箫、琵琶、二胡、中胡齐奏，弦管合鸣，悠然自得，从容不迫。秦琴、扬琴、阮弹拨出轻盈的衬腔，节奏张弛有度，使音乐在平和中透露出不动声色的活力。间杂的木鱼、吊钹的敲击更衬托出夜的开阔旷远，平添了一分神秘。

(2) 《紫竹调》：流行于苏州的一首小调，富有感染力和生活情趣。全曲抒情、悠扬、委婉，极富江南乡土气息。

(3) 《欢乐歌》：曲调清新明快，流畅如歌，韵味悠长、色彩清淡，使欢乐的情绪逐步高涨。

四

闻香识茶怡情

1 花草茶

花草茶中不含咖啡因。花花草草在新鲜的空气中成长，汲取大地的精华，对健康有很好的维护作用。经常喝花草茶可以减轻身体的压力，舒缓紧张的情绪，还可减肥、美容，有排毒的功效并有恢复身心平衡、提振精神的效果。在今天，喝花草茶已经是一种时尚，花草茶也成为了受女性欢迎的最佳饮品。

花草的选购

购买花草茶千万不能掉以轻心。如果你是初次购买花草茶，便需要到信誉较高的茶店去购买。挑选花草茶需要注意几点：

(1) 从外形上，要挑选那些比较新鲜的，色泽自然，无异味，不含水分，无杂质的花草，还要注意生产时的日期和保存期限。

(2) 从包装上，主要是分类袋装和混合茶包。

　　A. 分类袋装：将每一种花草分别包装，回家后可以根据自己的喜好任意搭配。

　　B. 混合茶包：相比较起来更加方便、快捷。茶包已将所有的花草配好，只要根据自己身体情况选择，直接冲泡即可。

购买回来的花草不会很快喝完，所以要将它们保存起来。首先将花草放置在密封性好的玻璃瓶中，放在阴凉干燥处，避免阳光直射和潮湿的侵入。

如果没有玻璃瓶也可以用密封袋，但要将空气挤出，用夹子夹好，与外界的空气隔绝，防止变质。

将花草放在冰箱中（保鲜室）保存，这样可以延长花草的寿命。

花草的保存

 小贴士　　花草茶原料都比较轻，每次不用购买很多，100~150克即可，便于保存。

花草茶巧搭配

玫瑰柠檬茶

材料：玫瑰花3朵，柠檬片1片。

做法：将玫瑰花和柠檬片一起放在杯中，冲入开水即可。

洛神花凉茶

材料：

洛神花 3 朵，薄荷叶2片。

做法：

　　将洛神花和薄荷叶一起冲泡，泡好后过滤即可饮用。

千日红消化茶

材料：

千日红3~4朵，洛神花3朵。

做法：

　　将千日红和洛神花一起冲泡，泡好后过滤即可饮用。

娇颜茶

材料：

千日红3~4朵，玫瑰花3~4朵。

做法：

　　将千日红和玫瑰花一起冲泡，泡好后过滤即可饮用。

杞菊明目茶

材料：

菊花5~6朵，枸杞15克。

做法：

1. 枸杞、菊花开水冲泡3分钟。
2. 泡好后茶汤过滤掉花草原料即可饮用。

桂花甘菊酿

材料：

桂花4~5克，洋甘菊3朵，冰糖适量。

做法：

1. 洋甘菊和桂花一起冲泡。

2. 将泡好的茶汤过滤，随自己口味加入冰糖即可饮用。

败火茶

材料：

金银花2~3克，菊花3~4朵，冰糖适量。

做法：

1. 金银花和菊花一起冲泡。
2. 将泡好的茶汤过滤，随自己口味加入冰糖即可饮用。

清热散风茶

材料：

金银花5克，菊花2朵，茉莉花2朵。

做法：

1. 金银花、菊花和茉莉花一起冲泡。
2. 闷泡10~15分钟，泡好茶汤过滤后即可饮用。

解压茶

材料：

柠檬草5克，薄荷3克。

做法：

柠檬草和薄荷一起冲泡，泡好过滤后即可饮用。

清新茶

材料：
柠檬片2片，茉莉花3朵。

做法：
柠檬片和茉莉花一起冲泡，茶汤泡好过滤后即可饮用。

解疲劳茶

材料：

安神菩提2克，洋甘菊2朵。

做法：

菩提和洋甘菊一起冲泡，泡好过滤后即可饮用。

舒缓心情茶

材料：

茉莉花2朵，玫瑰花3朵，薄荷2克。

做法：

　　茉莉花、玫瑰花和薄荷一起冲泡，泡好过滤后即可饮用。

洛神酸茶

材料：

洛神花2朵，蜂蜜适量。

做法：

1. 柠檬片和洛神花一起冲泡。

2. 泡好的后先过滤，然后可随自己口味加入蜂蜜即可饮用。

鼠尾甘菊茶

材料：

鼠尾草2克，洋甘菊2朵。

做法：

鼠尾草和洋甘菊一起冲泡，泡好茶汤后过滤即可饮用。

2 果茶

玫瑰果茶

材料：

苹果片1片，玫瑰花3朵，洛神花3朵。

做法：

1. 切下一片新鲜的苹果待用。

2. 将玫瑰花和洛神花一起用热水冲泡。

3. 将茶汤过滤后，放入切好的苹果片即可饮用。

小贴士 玫瑰果茶从汤色上看十分漂亮，香气中带有果味儿，酸酸甜甜的口味适合女性饮用。

洛神蜜枣消脂茶

材料：

蜜枣2棵，洛神花3朵，玫瑰花2朵。

做法：

1. 将玫瑰花和洛神花一起用热水冲泡。
2. 将茶汤过滤后，放入蜜枣即可饮用。

清神茶

材料：

柠檬片2片，洋甘菊3朵，薄荷叶2片，冰糖适量。

做法：

1. 洋甘菊,柠檬片和薄荷叶一起冲泡。
2. 泡好茶汤过滤后可随自己口味加入冰糖即可饮用。

安神养眼茶

材料：

红枣3~4颗，枸杞5颗，白菊花3朵。

做法：

白菊花、枸杞和红枣一起冲泡，泡好茶汤后过滤即可饮用。

柑橘红枣茶

材料：

柑橘3个，红枣3颗。

做法：

1. 柑橘从中间切开后与红枣一起冲泡。
2. 泡好茶汤后过滤即可饮用。

舒适轻松茶

材料：

陈皮3克，姜1片，蜂蜜适量。

做法：

1. 陈皮、姜热水冲泡3~4分钟。

2. 茶汤泡好过滤后可随自己口味加入蜂蜜饮用。

木瓜美容茶

材料：

木瓜片3片，菊花3朵。

做法：

1. 木瓜片和菊花一起冲泡。

2. 茶汤泡好后过滤即可。

姜蔗茶

材料：

甘蔗汁 200毫升，生姜2片。

做法：

1. 将甘蔗榨取半杯汁，生姜取汁1茶匙。

2. 将两种汁搅拌均匀即可饮用。